Bibliografische Information der Deutschen Nationalbibliothek:

Die Deutsche Bibliothek verzeichnet diese Publikation in der Deutschen National-
bibliografie; detaillierte bibliografische Daten sind im Internet über http://dnb.d-
nb.de/ abrufbar.

Impressum:

Copyright © 2017 GRIN Verlag
Druck und Bindung: Books on Demand GmbH, Norderstedt Germany
ISBN: 9783668642089

Dieses Buch bei GRIN:

https://www.grin.com/document/412618

Manrico Scheliga

Umweltschutz durch nachhaltige Energien. Nullemission durch Elektroautos

GRIN Verlag

Fom Hochschule für Ökonomie und Management Standtort Dortmund

Berufsbegleitender Studiengang zum Bachelor of Arts

5. Semester Seminararbeit im Modul „Energiesektor"

Nachhaltige Energien – Nullemission durch Elektroautos

Autor: Manrico Scheliga

Abgabedatum: 15.02.2017

Inhaltsverzeichnis

1.Einleitung

Unser Klimasystem funktionierte lange Zeit einwandfrei. Allerdings droht es sich jetzt mit gravierenden Folgen zu verändern. Täglich gelangen massenweise Gase in unsere Atmosphäre, welche den Treibhausgaseffekt verstärken und unsere Lebensgrundlage zerstören. Technische Errungenschaften wurden vor mehr als 200 Jahren enthusiastisch gefeiert. Zum Beispiel produzierten Maschinen mit großer Genauigkeit und rasend schnell, was den Menschen die Arbeit deutlich erleichterte. Doch heutige Emissionsanalysen zeigen, dass sich der Ausstoß der Treibhausgase seit der Industrialisierung vervielfacht hat. Dabei bedroht nicht nur nur Kohlenstoffdioxid aus rußenden Fabriken bedroht unsere Umwelt:[1]

Insbesondere der Verkehr ist an dem Ausstoß von CO2 beteiligt. Gerade der Verkehrssektor heizt dem Klimawandel stark an. Ein Fünftel des in Deutschland produzierten CO2 ist auf den Verkehr zurückzuführen.[2]

So wird die Zukunft der Automobilbranche von den Aspekten der Nachhaltigkeit geleitet. Dies hängt vor allem mit der Schadensbegrenzung hinsichtlich des voranschreitenden Klimawandels zusammen. Im Fokus stehen dabei besonders die Reduzierung von Emissionswerten, sowie die Nutzung alternativer Antriebstechnologien.[3]

Auf dem Weg zu nachhaltigen Antriebssystemen für unsere Fahrzeuge, spielt die Elektromobilität eine entscheidende Rolle. Diverse technische Entwicklungen, gerade in der Batterieforschung, haben der Elektromobilität einen Anreiz gegeben. Auch der gravierende Anstieg der Ölpreise zu Beginn des Jahrtausends hat die Nachfrage nach Elektromobilität erhöht.[4]

In Bezug auf das Thema, beschäftigt sich die Arbeit zunächst mit dem Grundverständnis der nachhaltigen Mobilität und seinen Zielen. Im Kapitel drei werden die Treibhausgase, die durch den Verkehr produziert werden, betrachtet und das daraus resultierende Konsumentenverhalten. In Kapital vier folgt eine Analyse von Batterieelektrischen Autos hinsichtlich der Aspekte Ökologie, Wirtschaftlichkeit und Betriebseigenschaften.

---

[1]Vgl. Bayrischer Rundfunk (2015), o.S.
[2]Vgl. Gönert, M. (o.J), o.S.
[3]Vgl. Expat News (2017), o.S.
[4]Vgl. Hamacher (o.J), o.S.

2. Umweltfreundliche Mobilität

Mobilität ist ein wesentliches Grundbedürfnis des Menschen und seit Beginn der Modernisierung der Zivilisation immer wichtiger geworden. Ebenfalls gilt Mobilität als Grundvoraussetzung für einen besseren Lebensstandard. Besonders eine erweiterte persönliche Mobilität erhöht den Zugang zu grundlegenden Diensten und Individuen wird es ermöglicht, den Wohnort und Lebensstil frei zu wählen. Es erhöht auch darüber hinaus die Bandbreite an Karrieremöglichkeiten, die Menschen wählen können und die Anzahl an Orten, wo sie diese verfolgen können. Die Gütermobilität bietet den Verbrauchern ein umfangreiches Angebot an Produkten und Dienstleistungen. So ist es möglich, produzierte Güter geografisch weiter zu vermarkten. Ein weiterer Vorteil von Mobilität ist der Zugang zu verbesserten und verstärkten sozialen Beziehungen über größere Entfernungen. Die erweiterte Anzahl an Fahrzeugen verschafft den Nutzern eine noch nie dagewesene Flexibilität.[5]

Auf der anderen Seite sind die Menschen sich zunehmend bewusst, welche Folgen diese erweiterte Mobilität hat. Eine erhöhte Umweltverschmutzung, Treibhausgase, Verkehrsunfälle, Lärm und die Störung des Ökosystems sind zum Beispiel die Preise, welche die Menschen für diese Mobilität zahlen. Deshalb fordert Mobilität eine nachhaltige Entwicklung. Entsprechend dem World Business Council for Sutainable Development versteht man unter nachhaltiger Mobilität die Fähigkeit, den Bedürfnissen der Gesellschaft bezüglich der Mobilität gerecht zu werden, ohne dabei menschliche oder ökologische Werte gegenwärtig oder zukünftig zu schädigen.[6]

Der World Business Council for Sustainable Development schlägt sieben Mobilitätsziele vor, um einen nachhaltigen Entwicklungspfad zu ermöglichen:[7]

- Verringerung der konventionellen Emissionen durch den Transport;

---

[5] Vgl. WBCSD (2004), S.13
[6] Vgl. WBCSD (2004), S.12
[7] Vgl. WBCSD (2004), S.58 ff.

- Limitierung der verkehrsbedingten Treibhausgasemissionen auf ein nachhaltiges Niveau;
- Reduzierung der durch Verkehrsunfälle verursachten Tode und Verletzten;
- Reduzierung des Verkehrslärms
- Milderung des Verkehrsstaus
- Verringerung des Mobilitätsrisikos zwischen armen und reichen Ländern und innerhalb aller Staaten
- Optimierung der Mobilitätsmöglichkeiten für die allgemeine Bevölkerung

Einige dieser Ziele führen zu Konflikten, da ein nachhaltiger Entwicklungsweg mit den aktuellen Mobilitätstrends nicht im Einklang steht.

3. Grundlagen der Mobilität in Deutschland

3.1 Verkehr und Treibhausgasemissionen

Im Jahre 2007 war der Verkehrssektor für ungefähr 18 Prozent der gesamten Kohlenstoffdioxidemission verantwortlich, wobei 96 Prozent auf den Straßenverkehr und auf LKW-Transporte zuzurechnen sind. Laut dem VDA, ist der Personenverkehr selbst für 13 Prozent alles CO2-Emissionen verantwortlich. Für Europa sieht die Situation ähnlich aus. Der Straßenverkehr hat insgesamt einen Anteil von 9,7 Prozent der gesamten CO2-Emissionen.[8]

Dies hätte dramatische Folgen, wenn Schwellenländer, wie zum Beispiel China und Indien, ihr Verkehrsverhalten an die europäischen Bürger anpassen würden.[9]

Die CO2-Emissionen des Straßenverkehrs stiegen von 1990 bis 1999 um etwa 15 Prozent, während gleichzeitig die Fahrleistung um rund die Hälfte auf 866,7 Mrd. Personenkilometer anstieg. Dies wurde besonders durch die Zunahme von 30,7 Mio. auf 41,7 Mio. Fahrzeuge verursacht.[10] Insbesondere die Straßenverkehrsleistung verdoppelte

---

[8] Vgl. UN IPPC (2007), S.336
[9] Vgl. WBCSD (2004), S.10
[10] Vgl Kraftfahrt-Bundesamt (2007), o.S.

sich vor allem aufgrund des Wirtschaftswachstums und der Attraktivität der Straßentransporte von 169,9 Mrd. auf 341,7 Mrd. Tonnenkilometer, da der Güterverkehr aufgrund von Just-In-Time-Anforderungen für die Nutzer zugenommen hat.[11] Dieser Trend zeigt eine kontinuierliche Zunahme der Transportaktivitäten bis 2025.[12]

Die in den neunziger Jahren angekündigte Trennung zwischen Treibstoffverbrauch und CO_2-Emissionen und die Fahrleistung im Personenverkehr und Güterverkehr begann 1999. Trotz steigender Verkehrsleistung gingen seit diesen Jahren die CO_2-Emissionen des Straßenverkehrs zunächst zurück.[13]

Dieser Trend hat sich seither verbessert. Dies liegt zum einen an den technischen Verbesserungen durch die Verschärfung der Emissionsnormen für Neufahrzeuge und die Nachrüstung von Altfahrzeugen mit Katalysatoren. Zum anderen reduzierte eine verbesserte Kraftstoffqualität die prozentuale Emission pro Transportkosten.[14]

Zwischen 1990 und 2007 fielen die Emissionen des Straßenverkehrs um lediglich vier Prozent zurück, verglichen mit dem gesamt deutschen CO_2 Ausstoß um 16,9 Prozent. Durch die Technologieentwicklung ist das moderne Fahrzeug mindestens zwei Liter pro 100 Kilometer[15] sparsamer, als Fahrzeuge am Anfang der neunziger Jahre. Bezüglich der Reduzierung der fossilen Brennstoffe, laufen die Autos weiterhin auf fossilen Brennstoffen und produzieren somit CO_2-Emissionen.[16]

3.2 Der Konsument

Die Mobilität erhöhte sich kontinuierlich auf rund vier Prozent pro Jahr. Vor 150 Jahren war die durchschnittliche Mobilität etwa bei 100 Metern pro Tag, welche meistens auf dem Pferd oder in einer Kutsche zurückgelegt wurden. 70 Jahre später lag schon die Mobilität schon bei über einem Kilometer pro Tag, welche meistens mit der Eisenbahn zurückgelegt wurde. Weitere 70 Jahre später, sind es mehr als 50 Kilometer pro Tag, die wir meistens mit fossilen Brennstoffen zurücklegen.[17] In Deutschland fahren 80 Prozent der Autofahrer bis zu 50 Kilometer pro Tag, wodurch 90 Prozent des gesamten PKW-

---

[11] Vgl. OECD (2002), S.61 ff.
[12] Vgl. OECD (2010), S.13
[13] Vgl. Verband der Automobilindustrie (VDA) (2009), S.7
[14] 13, ???
[15] Vgl. Verband der Automobilindustrie (VDA) (2009), S.8
[16] ???
[17] Vgl. Nakicenovic, N. (2008), S.1

Verkehrs für die CO2-Emissionen verantwortlich sind. Dies liegt an den höheren Laufleistungen, welche besonders auf kurzen Strecken erzeugt werden.[18]

Angesichts des Verkehrsträgers sieht die Situation in Deutschland wie folgt aus:

Es gibt etwa 270 Mio. Routen mit über drei Milliarden Passagierkilometern pro Tag.[19] Die durchschnittliche Entfernung jeder Strecke beträgt etwa 11 Kilometer. 2007 wurden 80,1 Prozent dieser Fahrten mit dem Auto getätigt, weitere 5,3 Prozent mit dem Flugzeug, 7,2 Prozent mit der Bahn und die restlichen 7,4 Prozent mit den öffentlichen Verkehrsmitteln.[20]

Da der PKW Verkehr vor allem für die Emission in Deutschland verantwortlich ist und sich das Kundenverhalten in Bezug auf die Mobilität nur schwer verändern lässt, ist eine nachhaltige Reduzierung der Emission das Ziel der Technologie. Um auf dem Markt akzeptiert zu werden, ist es erforderlich, dass die Technologie den Anforderungen der potentiellen Nutzer gerecht werden. Die Hauptanforderungen können in drei Felder unterteilt werden:[21]

- Wirtschaftlichkeit – Das Auto sollte nicht teurer sein als Mobilität mit gewöhnlichen Autos. Basierend auf einer Studie der Beratung Oliver Wymann würden Kunden bis zu 2.220 Euro mehr für ein neues Elektroauto ausgeben.[22]

- Betriebseigenschaften von herkömmlichen Autos – d.h. Fahrsicherheit, Komfort und insbesondere eine Fahrreichweite von mindestens 200 Kilometern. Basierend auf Kundenumfragen werden 400 Kilometer mehr erwartet.[23]

- Ökologisch sollten die Auswirkungen auf die Umwelt in Bezug auf Emissionen und Lärm reduziert werden. Basierend auf einer Studie der DEVK würden 80 Prozent der Kunden umweltfreundlichere Autos kaufen.[24]

---

[18]Vgl. Sauer, U. (2008), S.33
[19]Vgl. Institut der deutschen Wirtschaft (2009), o.S.
[20]Vgl. BMVBS (2009), o.S.
[21] Vgl. Sammer, G. / Meth, D. / Gruber, Ch. (2008), S.1 ff.
[22]Vgl. Oliver Wyman (2009), S.2
[23]Vgl. Institut der deutschen Wirtschaft (2009), o.S.
[24]Vgl. DEVK (2009), o.S.

4. Technologie für Nullemissionen

4.1 Well to Wheel Analyse

Der wesentliche Ansatzpunkt für eine Nullemission im Verkehrssektor ist eine Ausrichtung auf erneuerbare Energien. Laut einem Szenario vom Umweltbundesamt werden 2050 knapp 60 Prozent der Fahrleistung elektrisch erbracht werden. Flugzeuge, Schiffe und schwere LKWs werden allerdings weiter auf flüssige Kraftstoffe angewiesen sein, welche jedoch klimaverträglicher hergestellt werden.[25] In den vergangenen Jahren war das Hybridfahrzeug von Toyota eine neue Technologie, was den Anforderungen der Kunden erfolgreich entsprach.[26] Ein Hybridfahrzeug ist ein Auto, das zwei oder mehrere unterschiedliche Energiequellen verwendet, um das Fahrzeug in Bewegung zu versetzen. Die meisten Hybrid-Autos nutzen konventionelle Benzin- und Elektromotoren, mit der Fähigkeit nur eine Energiequelle zu nutzen oder im Doppelpack. Jedoch besitzen Hybrid-Autos nicht die Vorkehrung, ihre Batterien aufzuladen, außer durch Verwendung der erzeugten Energien, die letztendlich von Benzinmotor erzeugt werden.[27] verschmutzungs- und energieeffizienstechnisch ist das Hybrid-Auto nichts mehr als ein effizienteres Benzinauto.[28]

Das folgende Beispiel zeigt die Bedeutung einer Lebenszyklusbewertung neuer Antriebstechnologien. Die Well to Wheel Analyse ist der ganzheitliche Ansatzpunkt, bei der Auswirkungen der Krafftstoff- und Fahrzeugentscheidungen gemessen werden. Ein gewöhnliches Auto verwendet nur etwa einen Barrel Öl (Well) von 100 Barrel aus der Erde gefördertem Öl, um den Fahrer auf die Straße zu bringen (Wheel). Da nur 15 Prozent aller Treibstoffe Autos in Bewegung setzen, ist die Effizienzanalyse sehr anschaulich. Die Well to Wheel Analyse betrachtet alles, von der Kraftstoffgewinnung bis zum Drehen der Räder vom Auto. In einem konventionellen Fahrzeug können Wertschöpfungsketten die Ölförderung, die Pipeline- oder LKW-Lieferungen zum Hafen, LKW-Transporte zu einer Raffinerie, Benzinlieferungen und schließlich die Verbrennung von Benzin zur Schaffung von Antrieb, umfassen.[29]

---

[25]Vgl. Umweltbundesamt (2013), o.S.
[26]Vgl. Seith, A. / Schallenberg, J. (2007), o.S.
[27] Vgl. Wikipedia (o.J), o.S.
[28]Vgl. Ernst & Young (2009), S.19
[29]Vgl. European Council for Automotive R&D (2007), S.12

Wasserstoffbrennzellen stehen auf der Liste alternativer Kraftstoffe ganz oben. An Stelle von Schadstoffen, käme reiner Wasserdampf aus dem Auspuff. Allerdings gibt es technische Hürden und der Ausbau dieser Infrastruktur ist sehr teuer.[30] Zu beachten ist jedoch, dass Well to Wheel Effizienz von Wasserstoffzellen-Autos schlechter ist als die von Batterieelektrischen Autos, ungefähr um den Faktor drei.[31] Dies liegt am grundlegenden Problem von Wasserstoff. Bei Wasserstoff handelt es sich nicht um eine Energiequelle. Vielmehr ist dieser ein Energiespeicher- und Verteilungsmechanismus. In gewisser Weise, muss man Wasserstoff produzieren, komprimieren und ihn verteilen, um ihn später im Auto lagern zu können, ohne dass er aus den Behältern fließt und ihn dann durch einen teuren Wasserbrennstoffmotor laufen lassen.[32] Hier verbinden sich Wasserstoffatome mit Sauerstoff aus der Luft verbinden und ein Elektron freisetzen. Es werden vier Elektronen in der Produktion von Wasserstoff benötigt, um ein einzelnes Elektron innerhalb der Brennstoffzelle zu erhalten. Somit entsteht ein Energieverlust von 75 Prozent.[33]

4.2.1 Ökologisch

Wie bereits in der Arbeit erläutert, ist die Verwendung von batterieelektrischen Fahrzeugen ökologischer, als die von konventionellen Autos. Allerdings gibt es auch Kritik hinsichtlich des ökologischen Lebenszyklus der Lithium-Ionen-Batterie.[34]
Nach Rolf Frischknecht, produziert die Batterie selbst 48 g/km CO2-Emissionen aufgrund des hohen Energiebedarfes im Produktionsprozess. Jedoch beträgt die zugrundeliegende Batterieleistung bei der Berechnung nur 1.000 Ladungen, verglichen mit 2.000 Ladungen der moderneren Lithium-Ionen-Batterien. Für den Fall, dass der Energiemix in den Produktionsländern der Batterie ansteigt, würden die Auswirkungen weiter sinken. Wenn benutzte Batterien noch eine Speicherkapazität von 80 Prozent haben, können diese für steigende Speicherung von erneuerbaren Energien benutzt werden. In diesem Fall können die Auswirkungen außer Acht gelassen werden.[35]

---

[30]Vgl. Stahl, C. (2014), o.S.
[31]Vgl. Mazza, P. / Hammerschlag, R. (2005), S.3
[32]Vgl. Seiwert, M. (2009), o.S.
[33]Vgl. Vgl. European Council for Automotive R&D (2007), S.12
[34]Vgl. Asendorpf, D. (2009), o.S.
[35]Vgl. Agenda21-Treffpunkt (o.J), o.S.

Heute kann eine verbrauchte Lithium-Ionen-Batterie eines Notebooks mit minimaler Umweltbelastung recycelt werden. Mehr als 95 Prozent der Batterie kann wiedergewonnen werden. Da aber die Recyclingkapazitäten sehr gering sind, um die Batterien von batterieelektrischen Autos wieder zu recyceln, hat das Bundesministerium für Umwelt, Naturschutz und Reaktorsicherheit Lithium-Ionen-Batterien-Recycler mit Forschungsmitteln ausgestattet.[36] Zusätzlich kann man sagen, dass Batterieelektrische Autos einen leisen und ruhigen Betrieb bieten und folglich weniger Lärm erzeugen.[37] So kann ein Ziel des World Business Council for Sutainable Development, nämlich den Verkehrslärm zu reduzieren, erzielt werden. Gleichzeitig ist die relative Stille des Fahrzeugs eine potentielle Gefahr, vor allem für Blinde, Fußgänger, Radfahrer und Kinder. Deshalb haben einige Verkehrsministerien ein Gremium zusammengestellt, die eine Klangfunktion für Hybride-Elektrofahrzeuge fordern.[38]

4.2.2 Betriebseigenschaften

Zuerst betrachten wir die Reichweite des Fahrzeuges. Ein batterieelektrisches Fahrzeug speichert elektrische Energie, in der Batterie und verwendet dann diese Energie um das Auto in Bewegung zu setzen. Die Energie aus dem Stromnetz wird in der Regel der Lithium-Ionen-Batterie zur Verfügung gestellt und in einem Elektromotor verwendet.[39] Mit der heutigen Technologie haben die Batterien eine begrenzte Reichweite. Die Automobilindustrie spricht von einer Reichweite von 200 Kilometern bei vernünftigen Gewichtsmaßen (ca. 200 bis 300 Kilogramm). Angesichts der Tatsache, dass Fahrer durschnittlich weniger als 50 Kilometer am Tag zurücklegen, könnten batterieelektrische Autos viele Fahrbedürfnisse befriedigen.[40] Bis 2020 erwartet man, dass die Technologie ausreift und die Autos eine Reichweite von 350 Kilometern erreichen werden.[41] Tesla bietet bereits einen Sportwagen mit einer Reichweite von 350 Kilometern. Jedoch ist die 400 Kilogramm Lithium-Ionen-Batterie noch zu schwer und zu teuer für kleine oder mittelgroße Autos.[42]

---

[36]Vgl. Rolf, U. (2009), o.S.
[37]Vgl. European Commission - Mobility & Transport (2009), o.S.
[38]Vgl. Zeller, T. (2009),
[39]Vgl. Vgl. Ernst & Young (2009), S.21
[40]Vgl. Auto Bild (2017), o.S.
[41]Vgl. Rosenow, J. (2015), o.S.
[42]Vgl. Tesla Motors (2010), o.S.

Ein weiterer wichtiger Punkt ist die Infrastruktur. Die Reichweite von 160 Kilometern reicht nicht für potenzielle Kunden, die eine Reichweite von 400 Kilometern erwarten. Auch die eingeschränkten Auflademöglichkeiten zwischen vier und acht Stunden entsprechen nicht den allgemeinen Erwartungen. Um zu vermeiden, dass batterieelektrische Autos nur als Stadt- oder Zweitwagen fungieren, ist eine umfangreiche Infrastruktur nötig. Somit sind Batterieschaltstationen erforderlich, bei denen man die Batterie in einem kürzeren Zeitintervall aufladen kann, als einen Benzintank eines herkömmlichen Autos.[43] Darüber hinaus sind auch regionale Netzwerke von Ladestationen notwendig, da die meisten Autos zu Hause, auf Straßen oder Parkplätzen abgestellt werden und diese dann auch meistens über einen längeren Zeitraum geparkt werden. Die meisten Ladestationen befinden sich Zuhause, da nur Stromkabel und Steckdosen nötig sind. Das Energieunternehmen RWE hat im Jahr 2008 damit begonnen, die ersten Ladungsstellen in Berlin zu installieren und planen weitere in anderen Städten.[44] Führende Automobil- und Energieunternehmen haben eine Vereinbarung für einen internationalen standardisierten Stecker für batterieelektrische Autos, der für den Ausbau der Infrastruktur unerlässlich ist, erreicht.[45]

Auch die Speicherungskapazität darf man nicht außer Acht lassen. Elektroautos könnten sich auch auf das Gleichgewicht des Energiemarktes auswirken, indem sie auf der einen Seite Strom einsparen und auf der anderen Seite zusätzlichen Strom verbrauchen, wenn kurzfristige Überschüsse verfügbar sind. Basierend auf einer Studie von PWC würden eine Millionen Elektroautos zu einer Stromerhöhung von 3 Prozent führen. Aber aufgrund des ausgleichenden Effektes der Batterie wäre der Bau zusätzlicher Kraftwerke nicht erforderlich.[46]

4.2.3 Wirtschaftlichkeit

Die Anschaffungskosten eines batterieelektrischen Autos mit einer Reichweite von 160 Kilometern betragen ungefähr 15.000 Euro mehr, als ein normales Auto. Der Grund dafür

---

[43]Vgl. Schwarzer, C. – M. (2016), o.S.
[44]Vgl. Flauger, J. (2010), o.S.
[45]Vgl. n-tv (2010), o.S.
[46]Vgl. PWC (2009), S.13 ff.

ist die Batterie. Heutige Lithium-Ionen-Batterien, die eine ungefähre Lebensdauer von 8 Jahren und 2.000 Ladungen ausdauern, kosten 750 Euro pro Kilometerwattstunde, da das Produktionsvolumen noch niedrig ist. Viele Erstausstatter hoffen, dass die Kosten eines Lithium-Ionen-Akkus um 50 Prozent pro Kilowatt sinken und damit 7.500 zusätzliche Kosten für die Batterie verursacht werden.[47]

Da potentielle Kunden nur bereit sind ungefähr 2.200 Euro mehr für ein Elektroauto zu zahlen, sind Subventionierungen der Regierung gefragt. Länder wie Großbritannien, China und Indien planen zum Beispiel eine Subventionierung von Elektroautos von ungefähr von 2.000 bis 11.000 Euro.[48]

Die Bundesregierung förderte die Entwicklung und Marktvorbereitung der Elektromobilität in einigen Regionen im Jahre 2009 bis 2011 mit insgesamt 500 Mio. Euro aus dem Konjunkturpaket II.[49]

Wenn keine Elektroautos benötigt werden, könnte der Strom aus den Autos wieder in das Stromnetz zurückfließen. Dies könnte für die Fahrzeugnutzer von besonderem Interesse sein, da sie ihre Fahrzeuge nur zu bestimmten Zeiten benötigen und die Batteriekapazitäten gegen ein Entgelt eintauschen könnten.[50] Elektroautos können neue Geschäftsmodelle schaffen. Ein Infrastruktur-oder Dienstleistungsunternehmen könnte ein ähnliches Wirtschaftsmodell wie die Mobilfunkindustrie implementieren. So könnten am Anfang die Kosten eines Elektroautos durch einen Provisionsvertrag bezahlt werden, ähnlich wie durch pro-Minute-Serviceverträge subventionierter Mobiltelefonkäufe. Elektroautos könnten separat von ihrem Treibstoff verkauft werden, ähnlich wie Benzin-Autos. Kunden würden dann keine Batteriesätze kaufen, sondern geladene Pakete von den Unternehmen leasen, welche vorrangig Energie aus erneuerbaren Quellen beziehen.[51]

---

[47]Vgl. Bain & Company (2009), S.2
[48]Vgl. Oliver Wyman (2009),
[49]Vgl. Becker, S. (2009), o.S.
[50]Vgl. PWC (2009), S.13 ff.
[51]Vgl. Dürr, B. (2013), o.S.

5. Fazit

Der adäquate Umgang mit der ökologischen Frage über die Mobilität ist politisch sowie sozial umstritten. Es entsteht eine Herausforderung im Übergang von einer fossilen zu einer postfossilen Mobilitätsstruktur. Dabei kann das Elektroauto eine entscheidende Rolle spielen, unter der Voraussetzung, dass der treibende Strom mit erneuerbaren Energien betrieben wird.[52]

Es stimmt, dass Elektroautos kein Kohlenstoffdioxid produzieren, jedoch entstehen Emissionen an anderer Stelle. Denn wer zum Beispiel sein Elektroauto mit dem Strom des deutschen Energie-Mixes aus fossilen, nuklearen und erneuerbaren Energieträger auflädt, der hat schon indirekt CO2 produziert, nämlich bei der Herstellung des Stromes. Laut dem Umweltbundesamt werden pro Kilowattstunde 563 Gramm CO2 ausgestoßen.[53]

Ein weiterer Nachteil der Elektroautos ist die begrenzte Reichweite, was es zum Kurzstreckenfahrzeug macht. In absehbarer Zukunft sind keine Batterien mit einem Radius von über 200 Kilometern in Aussicht. Autokonzerne und Politik versuchen deshalb zu vermitteln, dass das Elektroauto eine gute Zweitwagenalternative für die Stadt sei. Dies führt auch zu einem weiteren Nachteil: Die Kosten. Selbst im Jahre 2020 werden Elektroautos noch 8.000 bis 10.000 teurer als vergleichbare Modelle mit Verbrennungsmotoren sein.[54]

Darüber hinaus macht die mangelnde Infrastruktur das Elektroauto nicht sehr attraktiv für potenzielle Kunden. Die Ladestationen sind nur begrenzt verteilt. So gibt es in Deutschland 4.400 öffentliche Ladepunkte auf 2.033 öffentlich zugängliche Ladestationen. Hierbei kann nicht von einem flächendeckenden Netz die Rede sein. Eine weitere Hemmnis ist noch die aktuelle Vielfalt der Stecker.[55]

Letztendlich kann man sagen, dass das Elektroauto eine Alternative zum konventionellen Auto sein kann. Doch auf lange Sicht wird es das herkömmliche Auto mit

---

[52] Vgl. Markus Keichel / Oliver Schwedes (Hrsg.) (2013), S.67
[53] Vgl. Breitinger, M. (2011), o.S.
[54] Vgl. Doll, N. (2010), o.S.
[55] Vgl. Pander, J. / Bruhn, M (2013), o.S.

Verbrennungsmotor nicht vom Markt verdrängen können. Zusätzlich stellt die aktuelle Vielfalt der Stecker ein weiteres Hemmnis dar. Jedoch muss dies kein Dilemma für den Klimaschutz bedeuten, da das Potenzial von Verbrennungsmotoren in Bezug auf Effizienzsteigerung und Minimierung der Schadstoffe noch nicht ausgeschöpft ist.[56]

---

[56]Vgl. Doll, N. (2010), o.S.

6. Quellenverzeichnis

WBCSD (2004): Mobility 2030: Meeting the challenges to sustainability, Genf

UN IPPC (2007): Climate Change 2007 -The Physical Science Basis; Cambridge, Cambridge University Press

Kraftfahrt-Bundesamt (2007): Fahrzeugbestand Lkw und Pkw im Bundesgebiet 1950-2007, Flensburg, URL: http://www.bgl-ev.de/images/daten/bestand/alle_tabelle.pdf, Abruf am 06.02.2017

OECD (2002): Strategies to reduce Greenhouse Gas Emissions from Road; Paris

OECD (2010): Globalization, Transport and the Environment; Paris

Verband der Automobilindustrie (VDA) (2009): Acting for Climate Protection - CO2-Reduction in the Automotive Industry; Frankfurt

Nakicenovic, N. (2008): The mobility drive; in Journal: e & i Elektrotechnik und Informationstechnik, Ausgabe 125, Nr.11 / November 2008; Wien

Sauer, U. (2008): Fährt das Auto der Zukunft elektrisch? Documentation of the conference 28 April 2008 in Berlin; URL: https://www.gruene-bundestag.de/fileadmin/media/gruenebundestag_de/publikationen/reader/file282584.pdf , Abruf am 06.02.2017

Institut der deutschen Wirtschaft (2009): Vision Elektroauto; Publikation Nr. 2/2009, Köln; Url: http://www.iwkoeln.de/studien/iw-kurzberichte/beitrag/elektromobilitaet-vision-elektroauto-52816, Abruf am 07.02.2017

BMVBS (2009): Modellregionen Elektromobilität, URL: https://www.bmvi.de/SharedDocs/DE/Anlage/VerkehrUndMobilitaet/modellregionen-elektromobilitaet-umsetzungsbericht-mai-2011.pdf?__blob=publicationFile, Abruf am 07.02.2017

Sammer, G. / Meth, D. / Gruber, Ch. (2008): Elektromobilität – Die Sicht der Nutzer; in Journal: e & i Elektrotechnik & Informationstechnik, Volume 125, Nr. 11 / November 2008; Wien

Oliver Wyman (2009): Study E-Mobility 2025; Munich; URL: http://www.oliverwyman.com/content/dam/oliver-wyman/global/en/files/archive/2009/ManSum_E-Mobility_2025_e.pdf, Abruf am 09.02.2017

DEVK (2009): DEVK Kfz-Kompass 2009; Köln; URL: http://www.autohaus-seitz.de/images/relaunch_images/pressearchiv/seitz_aktuell/2011/seitz_aktuell_2011-03.pdf, Abruf am 06.02.2017

Umweltbundesamt (2013): Ein (fast) treibhausgasneutrales Deutschland ist möglich Auch große Industrieländer können ihre CO2-Emissionen bis 2050 um 95 Prozent senken, URL: https://www.umweltbundesamt.de/presse/pressemitteilungen/ein-fast-treibhausgasneutrales-deutschland-ist, Abruf am 10.02.2017

Seith, A. / Schallenberg, J. (2007): Toyotas Erfolgsstory – Die Fehler der Anderen; Spiegel Url: http://www.spiegel.de/wirtschaft/toyotas-erfolgsstory-die-fehler-der-anderen-a-479114.html, Abruf am 10.02.2017

Wikipedia (o.J.): Hybridelektrofahrzeug, URL: https://de.wikipedia.org/wiki/Hybridelektrokraftfahrzeug, Abruf am 10.02.2017

Ernst & Young (2009): Destination ahead: the automotive industry in the era of climate change and sustainability; London

European Council for Automotive R&D (2007): Well-To-Wheels Analysis of Future Automotive Fuels and Powertrains in the European Context; Brüssel

Stahl, C. (2014): Der Traum von der Nullemission, URL: http://www.handelsblatt.com/technik/das-technologie-update/nachgeforscht/w-wie-wasserstoffantrieb-der-traum-von-der-null-emission/11023452.html, Abruf am 10.02.2017

Mazza, P. / Hammerschlag, R. (2005): Wind to Wheel Energy Assessment, Institute for Lifecycle Environmental Assessment; Seattle

Seiwert, M. (2009): „Platinpreis hemmt Brennstoffzelle", Journal: Wirtschaftswoche 25.11.2009; URL: http://www.wiwo.de/unternehmen/zukunftstechnologie-platinpreis-hemmt-brennstoffzelle/5596254.html, Abruf am 09.02.2017

Asendorpf, D. (2009): Die Mär vom emissionsfreien Fahren; published by Zeit Online 02.10.2009; URL: http://www.zeit.de/2009/39/T-Elektroauto/komplettansicht, Abruf am 09.02.2017

Rolf, U. (2009): Bundesumweltministerium fördert Forschungsprojekt LithoRec – publiziert in Informationsdienst Wissenschaft 11.09.2009; Online: https://idw-online.de/de/news?print=1&id=333250, Abruf am 09.02.2017

European Commission - Mobility & Transport (2009): Electric vehicles, URL: http://ec.europa.eu/transport/themes/urban/vehicles/road/electric_en, Abruf am 09.02.2017

Tesla Motors (2010): Company website, URL: https://www.tesla.com/de_DE/models?redirect=no, Abruf am 08.02.2017

Flauger, J. (2010): Zweifler beschleunigt sie im Elektro-Roadster, publiziert im Handelsblatt Nr. 30, 12.02.2010

n-tv (2010): Standard für Stecker beschlossen, 07.02.2010, URL: http://www.n-tv.de/auto/Standard-fuer-Stecker-beschlossen-article716208.html, Abruf am 09.02.2017

PWC (2009): The impact of electric vehicles on the energy industry, Wien

Bain & Company (2009): Automotive Electrified: Time for Action - Now, München

Markus Keichel / Oliver Schwedes (Hrsg.) (2013): Das Elektroauto: Mobilität in Umbruch, 1. Aufl., Springer Gabler Wiesbaden 2013

Breitinger, M. (2011): Alles, bloß nicht Emissionsfrei, URL: http://www.zeit.de/auto/2011-08/co2-abgas-elektroauto, Abruf am 09.02.2017

Doll, N. (2010): Keine übertriebende Erwartung an Elektroautos, URL: https://www.welt.de/debatte/kommentare/article7454678/Keine-uebertriebenen-Erwartungen-an-Elektroautos.html, Abruf am 07.02.2017

Pander, J. / Bruhn, M (2013): Das Klagen beim Laden, URL: http://www.spiegel.de/auto/aktuell/elektroauto-infrastruktur-diverse-stecker-zahlreiche-bezahlsysteme-a-930582.html, Abruf am 07.02.2017

Dürr, B. (2013): Tauschen statt Tank, URL: http://www.spiegel.de/auto/aktuell/better-place-schneller-akkutausch-in-fuenf-minuten-a-883105.html, Abruf am 10.02.2017

Becker, S. (2009): Regierung trödelt bei Hilfen für Elektroautos, URL: http://www.stern.de/politik/deutschland/konjunkturpaket-ii-regierung-troedelt-bei-hilfen-fuer-elektroautos-3336070.html, Abruf am 10.02.2017

Schwarzer, C. – M. (2016): Einfach laden, das wär′schön, URL: http://www.zeit.de/mobilitaet/2016-02/elektroauto-ladesaeulen-infrastruktur, Abruf am 10.02.2017

Rosenow, J. (2015): E-Autos: Bald 350 Kilometer Reichweite normal, URL: http://www.kfz-betrieb.vogel.de/e-autos-350-kilometer-reichweite-bald-normal-a-493948/, Abruf am 10.02.2017

Auto Bild (2017): Wie weit reicht der Saft im E-Auto, URL: http://www.autobild.de/artikel/elektroautos-und-ihre-reichweite-update-5574133.html, Abruf am 10.02.2017

Zeller, T. (2009): The Silence of Hybrids Causes Some Alarm; publiziert in New York Times, 12.07.2009, URL: http://www.nytimes.com/2009/07/13/business/energy-environment/13iht-green13.html, Abruf am 10.02.2017

Agenda21-Treffpunkt (o.J): Elektroauto /elektrobomilität, URL:http://www.agenda21-treffpunkt.de/lexikon/Elektroauto.htm, Abruf am 10.02.2017

Hamacher (o.J): Nachhaltige Mobilität – Elektroauto, Hybridbus, E-Bike & Co., URL: http://www.pasch-net.de/de/pas/cls/leh/unt/dst/19359067.html, Abruf am 11.02.2017

Bayrischer Rundfunk (2015): Wie die Treibhausgase enstehen, URL: http://www.br.de/klimawandel/treibhausgase-gase-kohlendioxid-methan-klimawandel-100.html, Abruf am 10.02.2017

Expat News (2017): Elektroautos: So werden wir in Zukunft mobil sein, URL: https://www.expat-news.com/29383/life-style/elektroautos-so-werden-wir-in-zukunft-mobil-sein/, Abruf am 10.02.2017

Gönert, M. (o.J): Klimawandel und Verkehr, URL: https://www.vcd.org/themen/klimafreundliche-mobilitaet/, Abruf am 10.02.2017